にんげん
みたいな
ネコ

Mac Marron／にゃんこ編集部

ジーウォーク

はい?
今なんとおっしゃった???

おーい母さん、
テレビつけてくれー

カッチカチやぞ!!
ゾックゾクするやろ!!

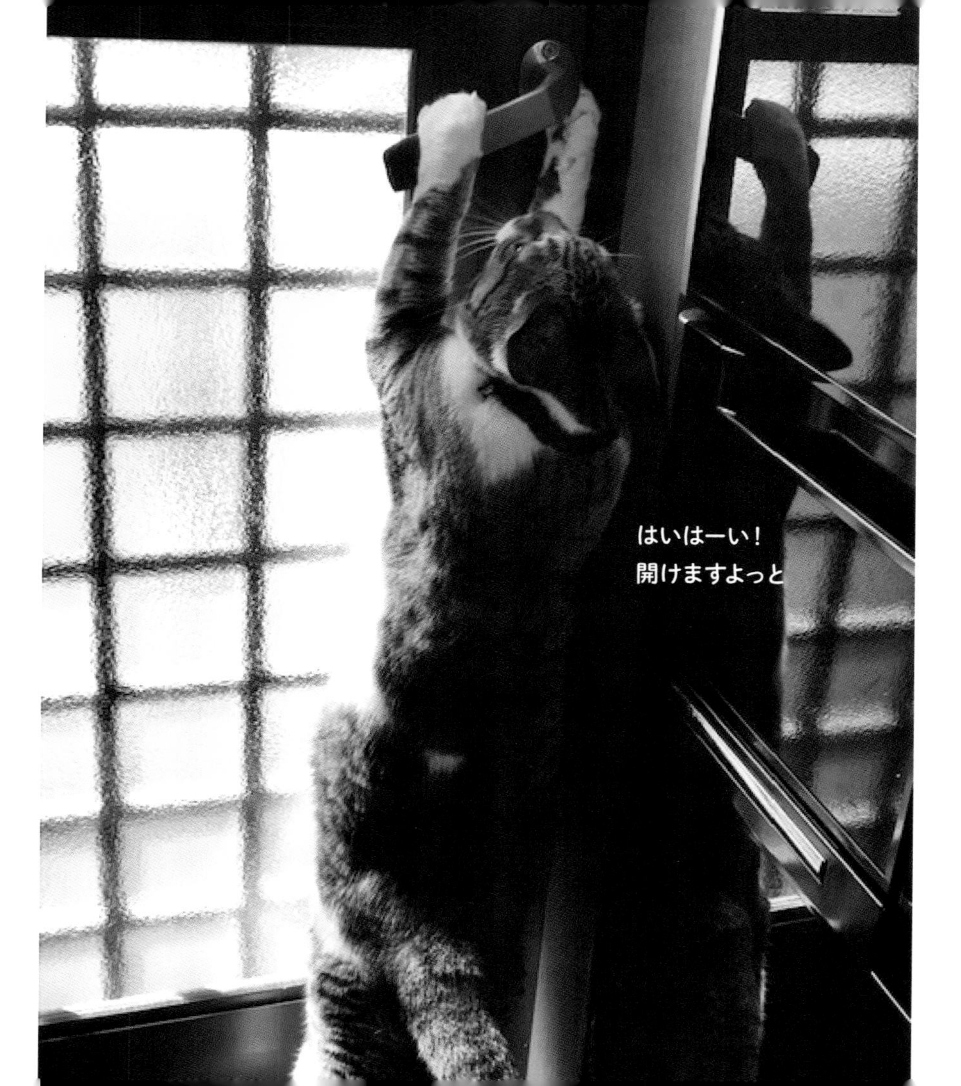
はいはーい！
開けますよっと

ん？
あたしの話してる？

見てはいけないものを
見てしまいまちた……

歌います！
聞いてください！

ニャンでやねん！

おおぅっと！

抜き足…差し足っと…

ふがっ！

至福の二度寝

やめなさい！っての！

呼んだー？

なに見てんだよ！

今日も平和だねぇ

いらっしゃいませ

猫だって考えごとすることだってあるんだよ

何か用でやんすか？

僕、頭痛いからもう寝るにゃよ

こねこって、つかれるのよね〜
きょうは つよいコースを ポチッとな

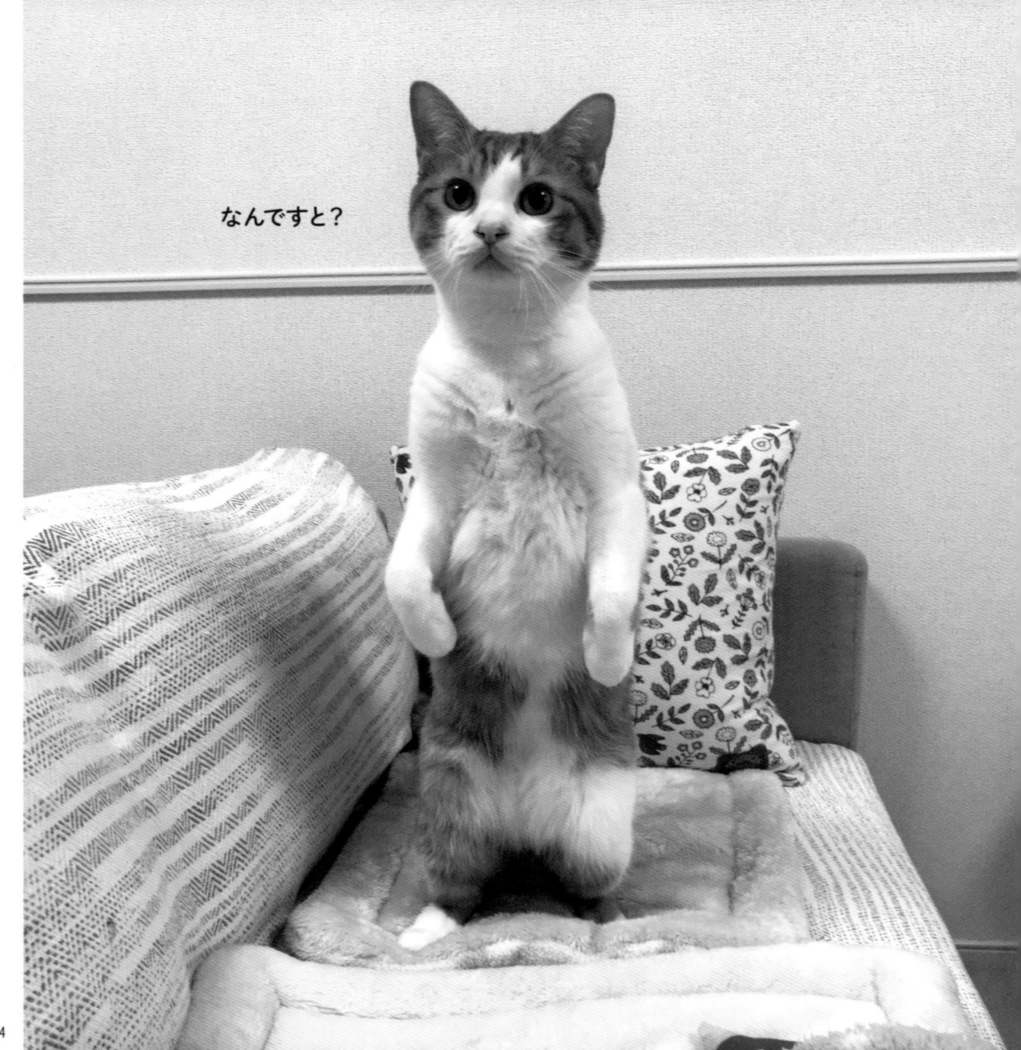
なんですと?

赤ちゃんバブー

こどもみたいね

おばさんみたいね
「最近、腰回りのおにくが気になるのよね～」

毎日毎日、洗濯物多くて困っちゃう…

あは！ 見られちゃった！

絵画は近くから鑑賞する派

「ごめんね」
なんか悪さしたの？

あのさー！

さぁ、話したまえ

「もう知らない！」プイッ

とりあえず
笑っとくにゃ

ちょっと！
奥さん聞いたぁ？

リーマン

パーリーピーポー

ゴージャスな肘掛けだね

この姿勢ラクなのよ〜

やれやれ…人間ってやつぁ

よく寝たにゃ～
そろそろ起きよか～

いい夢見ろよ

ヨガ教室、生徒募集中〜

美尻は一日にしてならず！

寒いので出たくありません

ここに隠してあったやつ
どこいった？？？

お！ かわい子ちゃん♡

おかーさーん
蛍光灯変えとこうかぁ？

そろそろ来そうなのにねぇ
来ないねぇ？

お届けにあがりやしたぁ

ハ〜〜〜?
僕なんかしましたかー?

無の境地である……

もう動けまてん……

そういえば、
あの件どうなった！？

あらいやだ
うっとりするほど　きれいだわ

にゃんだやるのか？
かかってきにゃ！

リラックスって大事

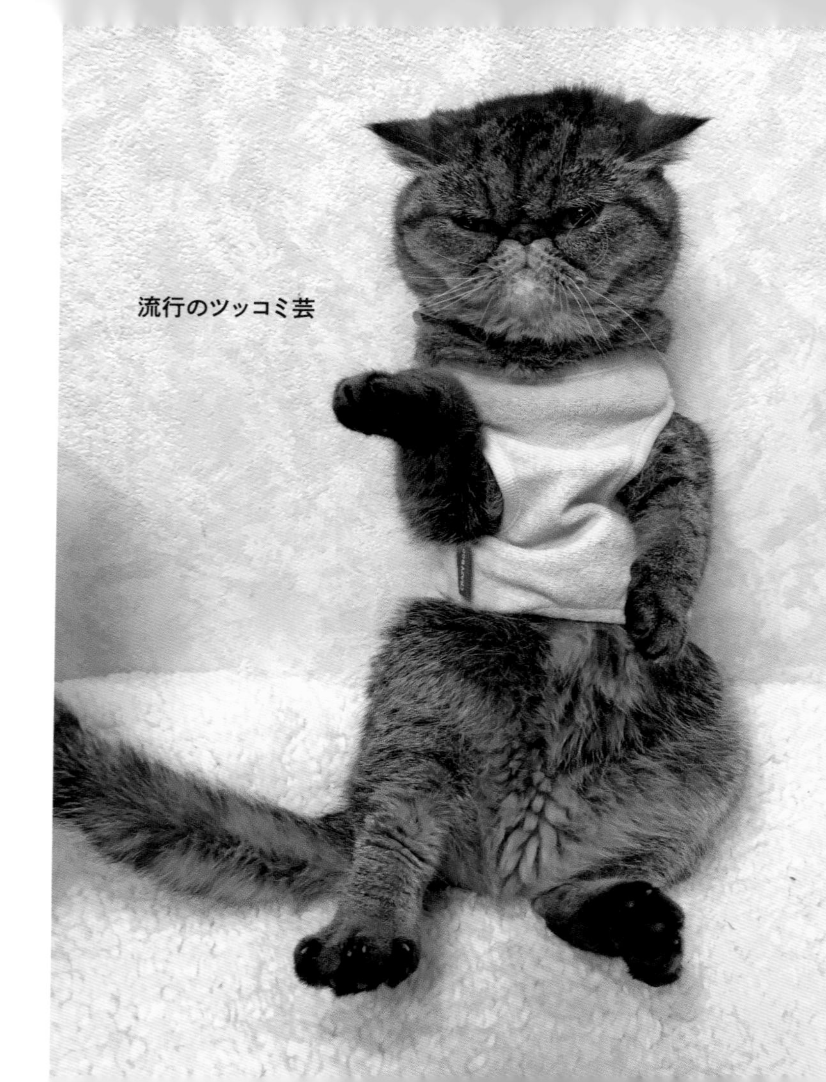
流行のツッコミ芸

そろり そろり

聞いてらんないね

ちょっとぉ
聞いてんの？

足長効果抜群のポーズ

もうしません……

まーまー、
とりあえず座ってよ

デブって言ったのだれ？

かんがえるねこ。
「どうしたら、おやつがたくさん もらえるのか…」

本当のお座りってこうなんだって。他のみんなは知らにゃいみたい。

フムフム…

元気だしなよ
明日はいいことあるって！

明日は晴れるかな？

今ガチャンって言ったよね？

お取り込み中のところ
失礼します……

もう朝か……

これでよしっ！

時にトラブルも発生！
迅速に対応いたします！

あそこに見えるのは
もしや……！！

お風呂サイコー♡

これをどうしろと???

もうどうにでもして……

あい〜ん

ひゃーはっは！
面白いこと言うね～！

ん……？
ちょっと待てよ…
ラムネ
ラムネ
365

これでよし！
ラムネ
ラムネ
365

僕はもう疲れました…

ねぇねぇ、
おばぁちゃん
にゃにしてるの？

くぁ〜！ うまい！
この1杯のために生きてんのよ

あの子ちゃんと
行ったかしら……

Special thanks!!

ページ.......撮影者

表紙..........@tiffany_10526
裏表紙.......@osako311

2...............@marble820
3...............@british_shorthair_vanilla
4...............@ahoiman_8
5...............@changing_season_shiki
6...............@neconecori
7...............@tenju1001
8...............@oto_ame
9...............@panchan5765
10・11.....@taro310u
12.............@8nekochan_lovers.hk
13.............@cat_daifuku_vietnam
14.............Mac Marron
15.............@meeco30
16.............@kokochan1122
17.............@british_shorthair_vanilla
18.............@luna_nyan_
20.............@hatasco0411
21.............@momo.ooooomi
22.............@oto_ame
23.............@hibiki_ren
24.............@kizi_chibi
25.............IG@rody.tino.tomoko
26.............@mari.0711.0614
27.............@marippe968
28・29.....内野やえば
30.............@homustagram
31.............@ore_zunda［Instagram］
32.............@paris.0125
33.............@nao_co5
34.............@mofu_56_pon
35.............@oto_ame
36.............@remisyama9625
37・38.....@russiaby2
39.............@poil_alain_manon1
40.............@wakaponsan
42.............@totokina1029
43.............@ushiko_torao
44.............@torachanthecat
45.............@british_shorthair_vanilla
46.............@nanami_pochi73
47.............@hanimama510
48.............@pharaoh_aka_legend
49.............@ricorico_rico
50.............@ritsutsu13
51.............@henameismomotarou
52.............eipon
53.............@russiaby2
54.............@chii.sf
55.............@mugi_maru_cafe
56.............@munchkin_dayan
58.............@shu_shu0419
59.............@mocotococotokuri
60.............@pechako_botan
61.............@shuntaro2014
62.............@mocotococotokuri
63.............@pharaoh_aka_legend
64.............@matcha_popuri
65.............@naann1104
66.............@pechako_botan
68.............@nya_1650
69.............@mayuko_0202
70.............波多野有子
71.............@mabu.99
72.............@kai_minori_
73.............@8nekochan_lovers.hk
74.............@akenyan96
75.............れんマム
76.............@kizi_chibi
77.............@hatasco0411
78.............@kanapu10
79.............@russiaby2
80・81.....@luna_nyan_
82.............@hatasco0411
83.............のんのん
84.............@shouchikubai.mama
85.............@_ra_twins
86.............@marble820
87.............@shouchikubai.mama
88・89.....@asoboo_4
90.............@ararapipiarapi
91.............@8nekochan_lovers.hk
92.............@tamapupu
94.............@ebitorakage

ご協力くださった、にゃんこ編集部 参加部員の皆さま、猫さまたちに心より感謝いたします。

にんげんみたいなネコ

発行日　2020年6月15日 初版第1刷発行

著者　Mac Marron
編集　にゃんこ編集部
発行人　日下部　一成
編集人　田村　耕士

発行所　ロングランドジェイ有限会社
発売元　株式会社ジーウォーク
〒153－0051　東京都目黒区1-16-8　Yファームビル6F
TEL 03-6452-3118
FAX 03-6452-3110

デザイン　株式会社ピーエーディー
カバー・表紙デザイン　本田　弓子
写真　Mac Marron＆にゃんこ編集部 参加部員の皆さま

印刷・製本　中央精版印刷株式会社

Printed in Japan
ISBN 978-4-86717-033-5